目　次

前言 ⋯⋯ Ⅲ
引言 ⋯⋯ Ⅴ
1 范围 ⋯⋯ 1
2 规范性引用文件 ⋯⋯⋯⋯⋯⋯⋯⋯⋯⋯⋯⋯⋯⋯⋯⋯⋯⋯⋯⋯⋯⋯⋯⋯⋯⋯⋯⋯⋯⋯⋯⋯⋯⋯⋯ 1
3 术语和定义 ⋯⋯⋯⋯⋯⋯⋯⋯⋯⋯⋯⋯⋯⋯⋯⋯⋯⋯⋯⋯⋯⋯⋯⋯⋯⋯⋯⋯⋯⋯⋯⋯⋯⋯⋯⋯⋯ 1
4 建设目标与建设原则 ⋯⋯⋯⋯⋯⋯⋯⋯⋯⋯⋯⋯⋯⋯⋯⋯⋯⋯⋯⋯⋯⋯⋯⋯⋯⋯⋯⋯⋯⋯⋯⋯ 2
　4.1 建设目标 ⋯⋯⋯⋯⋯⋯⋯⋯⋯⋯⋯⋯⋯⋯⋯⋯⋯⋯⋯⋯⋯⋯⋯⋯⋯⋯⋯⋯⋯⋯⋯⋯⋯⋯⋯ 2
　4.2 建设原则 ⋯⋯⋯⋯⋯⋯⋯⋯⋯⋯⋯⋯⋯⋯⋯⋯⋯⋯⋯⋯⋯⋯⋯⋯⋯⋯⋯⋯⋯⋯⋯⋯⋯⋯⋯ 2
5 建设内容与要求 ⋯⋯⋯⋯⋯⋯⋯⋯⋯⋯⋯⋯⋯⋯⋯⋯⋯⋯⋯⋯⋯⋯⋯⋯⋯⋯⋯⋯⋯⋯⋯⋯⋯⋯ 3
　5.1 组织机制 ⋯⋯⋯⋯⋯⋯⋯⋯⋯⋯⋯⋯⋯⋯⋯⋯⋯⋯⋯⋯⋯⋯⋯⋯⋯⋯⋯⋯⋯⋯⋯⋯⋯⋯⋯ 3
　5.2 风险管理 ⋯⋯⋯⋯⋯⋯⋯⋯⋯⋯⋯⋯⋯⋯⋯⋯⋯⋯⋯⋯⋯⋯⋯⋯⋯⋯⋯⋯⋯⋯⋯⋯⋯⋯⋯ 3
　5.3 应急预案 ⋯⋯⋯⋯⋯⋯⋯⋯⋯⋯⋯⋯⋯⋯⋯⋯⋯⋯⋯⋯⋯⋯⋯⋯⋯⋯⋯⋯⋯⋯⋯⋯⋯⋯⋯ 3
　5.4 监测预警 ⋯⋯⋯⋯⋯⋯⋯⋯⋯⋯⋯⋯⋯⋯⋯⋯⋯⋯⋯⋯⋯⋯⋯⋯⋯⋯⋯⋯⋯⋯⋯⋯⋯⋯⋯ 4
　5.5 宣传教育与培训演练 ⋯⋯⋯⋯⋯⋯⋯⋯⋯⋯⋯⋯⋯⋯⋯⋯⋯⋯⋯⋯⋯⋯⋯⋯⋯⋯⋯⋯⋯⋯ 4
　5.6 减灾基础设施 ⋯⋯⋯⋯⋯⋯⋯⋯⋯⋯⋯⋯⋯⋯⋯⋯⋯⋯⋯⋯⋯⋯⋯⋯⋯⋯⋯⋯⋯⋯⋯⋯⋯ 4
6 考核与能力评估 ⋯⋯⋯⋯⋯⋯⋯⋯⋯⋯⋯⋯⋯⋯⋯⋯⋯⋯⋯⋯⋯⋯⋯⋯⋯⋯⋯⋯⋯⋯⋯⋯⋯⋯ 5
　6.1 评估方式 ⋯⋯⋯⋯⋯⋯⋯⋯⋯⋯⋯⋯⋯⋯⋯⋯⋯⋯⋯⋯⋯⋯⋯⋯⋯⋯⋯⋯⋯⋯⋯⋯⋯⋯⋯ 5
　6.2 评估方法 ⋯⋯⋯⋯⋯⋯⋯⋯⋯⋯⋯⋯⋯⋯⋯⋯⋯⋯⋯⋯⋯⋯⋯⋯⋯⋯⋯⋯⋯⋯⋯⋯⋯⋯⋯ 5
附录 A（资料性附录） 社区突发地质灾害应急预案 ⋯⋯⋯⋯⋯⋯⋯⋯⋯⋯⋯⋯⋯⋯⋯⋯⋯⋯⋯ 6
附录 B（规范性附录） 地质灾害(隐患)点应急避险预案表 ⋯⋯⋯⋯⋯⋯⋯⋯⋯⋯⋯⋯⋯⋯⋯⋯ 8
附录 C（规范性附录） 地质灾害防灾避险明白卡 ⋯⋯⋯⋯⋯⋯⋯⋯⋯⋯⋯⋯⋯⋯⋯⋯⋯⋯⋯⋯ 9
附录 D（资料性附录） 年度地质灾害隐患点监测报告 ⋯⋯⋯⋯⋯⋯⋯⋯⋯⋯⋯⋯⋯⋯⋯⋯⋯ 10
附录 E（资料性附录） 地质灾害预警风险级别和响应方案 ⋯⋯⋯⋯⋯⋯⋯⋯⋯⋯⋯⋯⋯⋯⋯ 11
附录 F（规范性附录） 社区减灾能力评估表 ⋯⋯⋯⋯⋯⋯⋯⋯⋯⋯⋯⋯⋯⋯⋯⋯⋯⋯⋯⋯⋯ 12

前　言

本指南按照 GB/T 1.1—2009《标准化工作导则　第 1 部分:标准的结构和编写》给出的规则起草。

本指南由中国地质灾害防治工程行业协会提出并归口。

本指南主要起草单位:自然资源部地质灾害技术指导中心、甘肃省地质环境监测院、福建省地质环境监测中心。

本指南主要起草人:徐永强、陈红旗、殷志强、赵成、郭富赟、王国民、祁小博、王克强。

本指南由中国地质灾害防治工程行业协会负责解释。

引 言

本指南由中国地质灾害防治工程行业协会负责管理,由主编单位负责技术内容的解释。根据《国土资源部关于编制和修订地质灾害防治行业标准工作的公告》(国土资源部公告2013年第3号)的要求,为进一步规范地质灾害群测群防工作,指导基层(农村乡镇或城市社区)地质灾害减灾能力建设,制定本指南。

社区地质灾害减灾能力建设指南(试行)

1 范围

本指南规定了社区(行政村)地质灾害减灾能力建设的原则、目标和建设内容与要求,并规定了减灾示范社区(行政村)考核标准和方法。

本指南适用于地质灾害防治"十有县"内的社区(行政村)减灾能力的建设。其他地区农村行政村地质灾害减灾能力建设可参照本指南。

2 规范性引用文件

下列文件对于本指南的应用是必不可少的。凡是注明日期的引用文件,仅所注日期的版本适用于本指南。凡是不注日期的引用文件,其最新版本(包括所有的修改单)适用于本指南。

DZ 0238—2004 地质灾害分类分级标准
DZ/T 0261—2014 滑坡崩塌泥石流灾害详细调查规范(1∶50 000)
DZ/T 0262—2014 集镇滑坡崩塌泥石流勘查规范
DZ/T 0269—2014 地质灾害灾情统计
MZ/T 026—2011 全国综合减灾示范社区创建规范

3 术语和定义

下列术语和定义适用于本指南。

3.1
社区 community

社区是指居住在一定地域范围内人们社会生活的共同体,即城市地区城镇居民委员会和农村村民委员会,是具有固定行政辖区的基层居民自治的组织。本指南中指受崩塌、滑坡、泥石流、地面沉降、地面塌陷、地裂缝等地质灾害威胁的社区。

3.2
减灾能力 hazard reduction capability

降低或消除灾害风险的能力。

3.3
地质灾害风险管理 risk management of geological hazard

系统利用管理政策、程序和防治行动去识别、评估、减轻和监控地质灾害风险的过程。

3.4
群测群防 mass prediction and prevention of geological hazard

城镇或农村社区居民为防治地质灾害而实施的监测、预报、预防工作。

3.5
地质灾害预警 geological hazard early warning

在地质灾害发生之前发布的地质灾害危险级别及防治建议的警报。

3.6
地质灾害速报 rapid report of geological hazard

在规定时间内对发现地质灾害情况的快速收集、处理、上报和后续的及时报告。

3.7
地质灾害应急预案 emergency plan of geological hazard

为依法、迅速、科学、有序应对突发地质灾害,最大限度地减少突发地质灾害及其造成的危害而预先制定的应对程序和方案。

3.8
地质灾害应急处置 early disposal of geological hazard

突发地质灾害发生后,当地群众、社区和乡镇政府,在上报灾情信息的同时,及时采取控制灾情险情扩展的处置活动。

3.9
地质灾害应急避险 emergency aversion of geological hazard

因受到地质灾害威胁而紧急离开危险区域的活动。

3.10
地质灾害防治"十有县" "model countries" in geological hazard prevision and control

地质灾害防治达到了国家规定的"有制度、有机构、有经费、有监测、有预警、有评估、有避让、有宣传、有演练、有效果"十项要求的县区。

4 建设目标与建设原则

4.1 建设目标

4.1.1 由乡(镇、街道办)组织,以社区为单元,建成与社区地质灾害风险相适应的防灾减灾体系。

4.1.2 健全完善风险管理与应急准备、监测预警与应急响应、应急处置与恢复重建等防灾减灾机制。

4.1.3 提高社区群众识灾防灾、简易监测、应急动员及自救互救能力,降低社区灾害风险水平。

4.2 建设原则

4.2.1 以人为本,主动预防。以预防能力建设为主,兼顾突发灾情险情应急处置能力,注重脆弱群体帮扶,提高社区群众防灾减灾能力,降低灾害风险。

4.2.2 科学指导,共驻共建。依托社区可用资源,合理配置、科学建设,注重专业指导与发挥科学技术应用。与民政、气象等相关部门开展社区减灾能力共建,资源(资料)共享互通。

4.2.3 注重实效,突出特色。依据社区地质灾害风险水平,以调查为基础,注重针对性和实际效果,持续改进防灾减灾示范社区建设。

5 建设内容与要求

5.1 组织机制

5.1.1 县级地质灾害防治主管,负责组织领导乡(镇、街道办)、社区(行政村)负责人,监测员及专业技术支撑单位,实施社区地质灾害减灾能力的建设与评估工作。

5.1.2 开展地质灾害风险评估、巡查排查、监测预警、隐患处置、转移安置、物资保障、医疗救护、灾情上报和培训演练等工作,建立社区减灾执行工作制度。

5.1.3 应与社区驻地企事业单位签订防灾减灾协议,积极吸收社会多元主体参与社区综合减灾工作,共同组建社区地质灾害应急救灾自救队伍。

5.1.4 社区有固定的地质灾害应急避险场所和物资储备场所,配备必要的防灾减灾装备和物资。减灾资金有来源,有筹措、使用和监督等管理措施。

5.1.5 制定社区减灾能力考核评估制度和相关人员绩效考核制度。

5.2 风险管理

5.2.1 定期开展社区地质灾害风险排查,建立地质灾害隐患清单。

5.2.2 建立受地质灾害隐患威胁人员、房屋、财产清单,并定期更新。

5.2.3 具有社区脆弱人群清单,包括社区老年人、儿童、孕妇、病患者、残障人员清单(尤其是农村留守儿童、老年人清单),外来人口和外出务工人员清单等。

5.2.4 制作比例尺不小于1:5 000的社区地质灾害风险管理图,对隐患点类型、位置、危险区范围、避险路线、避险场所等予以标示并张贴公示。根据社区实际情况变化及时对风险图进行修订和完善。

5.2.5 社区居民应主动参与社区组织的风险隐患排查与日常风险防范活动,注重发挥退伍军人、民兵、专业人士作用。落实妇女、儿童、残障人士等脆弱群体的"一对一"帮扶措施,明确帮扶结对对象。

5.2.6 对地质灾害隐患、危险区域、避险场所、关键路口等地,设置醒目通行指示牌。

5.2.7 社区规划与建设应尽可能选在开阔平坦地带,不能选在开阔平坦地带的应推行建房选址地质灾害危险性评估制度。单户居民房屋建设应请当地地质灾害防治主管部门提供技术指导。

5.2.8 社区居民建房避免大挖大填,应合理堆载。山区建筑挖填应及时支护,设置截排水设施。

5.2.9 规范社区排水管理,实施雨水、污水集中排放,避免污水无序排放,及时维修破损的排水设施。对滑坡、崩塌隐患点应修建截排水沟,进行简易治理。

5.2.10 积极配合政府部门组织开展地质灾害预防与治理工程实施。

5.2.11 地质灾害隐患点已治理并通过验收,受隐患点威胁的居民已永久性搬迁,应申请予以消除。

5.3 应急预案

5.3.1 根据社区地质灾害风险隐患、脆弱人群、救援队伍、志愿者队伍、救灾资源等实际情况,在地质灾害风险调查评估基础上,制定社区突发地质灾害应急预案(附录A)。

5.3.2 应急预案需明确预案启动与结束标准,明确协调指挥、转移安置、物资保障、信息报告、自救互救等小组分工,明确应急避险场所、疏散路径,明确脆弱人群的联系方式及帮扶分工等。

5.3.3 编制社区地质灾害应急响应网络体系图,说明每个节点的工作内容和方法,明确工作职责分工、节点位置等要素。

5.3.4 社区内应建有相应的应急避险场地(学校、广场、安全空地等)。按规定及时启动应急预案并有效组织所有受威胁人员实施避让。

5.3.5 社区内所有地质灾害(隐患)点应编制地质灾害(隐患)点应急避险预案表(附录B),对受隐患威胁的所有居民发放地质灾害防灾避险明白卡(附录C)。

5.4 监测预警

5.4.1 社区内每处地质灾害隐患点至少明确1名群测群防员,原则上以男性为主且需满足责任心强、身体健康、年龄在50岁以下、有一定文化(能做监测记录,进行简单的监测数据分析)、口齿清楚、距离地质灾害隐患点较近(最好是受地质灾害隐患威胁的人)等条件。

5.4.2 群测群防员应熟练掌握埋桩法、贴片法等简易变形监测方法,掌握卷尺、裂缝报警器、滑坡地表位移监测仪等仪器的设置和使用方法,配置手机、手提扩音器(铜锣、报警钟、手摇报警器)等通信预警设备。

5.4.3 建立巡查排查与简易监测相结合的群测群防网络,与专业监测预警实现互联互通。

5.4.4 有巡查排查机制,开展汛前、汛中、汛后地质灾害巡查排查,集中降雨期间加密巡查监测,并对突发应急情况填写巡查日志,及时报告。

5.4.5 定期对隐患点监测记录进行综合分析整理,形成年度地质灾害隐患点监测报告(附录D)。

5.4.6 社区内群众应熟悉地质灾害监测设施、预警标志、预警信号和避险引导指示,遵守地质环境保护与地质灾害防治管理基本条例。

5.4.7 监测预警应与县(市、区)自然资源主管部门、气象部门、水文部门实现信息互联互通,及时共享降雨、水文、预警启动等信息。

5.4.8 根据地质灾害红、橙、黄、蓝四级预警级别,制定相应应急响应方案,明确预警信号、配置大喇叭、鸣哨等高音预警手段,地质灾害预警级别对应风险级别和响应方案见附录E。

5.5 宣传教育与培训演练

5.5.1 利用社区内公共活动场所或设施,设置防灾减灾专栏,张贴有关宣传材料,设置安全提示牌。充分发挥广播、电视、科普讲座与科普手册、标语、传单、互联网、电子显示屏、手机等载体的作用,确保社区地质灾害防治人员掌握基本防灾技能。

5.5.2 采取防灾减灾知识技能培训、知识竞赛、专题讲座、座谈讨论等形式,集中开展灵活多样的防灾减灾宣传教育活动。

5.5.3 组织社区居民参加防灾减灾培训,受影响区内培训率100%,其他居民培训率应不低于50%。定期组织社区内学校、医院、企事业单位及社会组织参加防灾减灾培训。

5.5.4 鼓励和引导以居民家庭为单元,掌握在不同场合逃生避险和自救互救的基本方法与技能,开展风险防范与应急文化建设。

5.5.5 定期组织社区内受威胁人员应急演练,场景应包括雨中、夜间等情景,演练内容包括灾害预警、灾情上报、人员疏散、转移安置、自救互救、善后处理等环节。直接受威胁群众应急演练应不少于每年1次。

5.6 减灾基础设施

5.6.1 所有地质灾害点及隐患点应设立警示标志[警示标志制作可参考《地质环境监测标志》(DZ/T 0309—2017)],建设固定的防灾减灾宣传栏或橱窗。

5.6.2 群测群防员配备裂缝报警器、盒尺等简易监测工具和哨子、铜锣、扩音器等预警工具,社区内设立地质灾害预警广播系统,并依托社区资源,建立可利用抢险救灾机械设备档案。

5.6.3 社区临灾避险场所应具备基本生活必要保障,各隐患点应设有明确的避险路线指引标志。

5.6.4 社区备有必要的应急自救物资,包括简易救援工具(如铁锹等)、广播和通信设备(如喇叭、对讲机等)、发电机、照明工具(如手电筒、应急灯等)、应急药品等。

5.6.5 鼓励和引导居民家庭储备家庭应急包,包括饮用水、食品、照明、通信、急救药品等用品。

5.6.6 社区居民主动保护地质灾害专业监测预警仪器设备与防护工程设施。

5.6.7 建立社区防灾减灾设施与可利用资源清单。

6 考核与能力评估

6.1 评估方式

6.1.1 县(区、市)职能部门负责社区减灾能力建设与考核管理,乡(镇、街道办)政府是地质灾害减灾示范社区的责任主体。

6.1.2 采用社区自检与政府考核相结合的评估方式。

6.1.3 乡(镇、街道办)政府每3年组织考核1次。

6.1.4 属地县级自然资源行政主管部门应提供技术指导,并总结推广建设经验。

6.2 评估方法

6.2.1 按照社区减灾能力评估表(附录F),进行打分,得分90分以上为优秀、75~90分为良好,60~75分为及格,60分以下不及格。

附 录 A
(资料性附录)
社区突发地质灾害应急预案

××社区突发地质灾害应急预案

为做好我社区内滑坡、崩塌、泥石流和地面塌陷等突发地质灾害应急防治,避免和最大限度地减轻地质灾害造成的损失,提高救灾工作水平和应急反应能力,确保社区群众生命财产安全。根据上级地质灾害防治要求,结合社区实际,制定本预案。

A.1 基本情况

A.1.1 社区基本情况。社区地理位置,辖区企事业单位、学校、家属院落等,常驻居民户数与人数。

A.1.2 辖区地质灾害。辖区内地质灾害隐患基本情况。

A.2 工作机构和职责

A.2.1 应急工作组:负责社区地质灾害防治和应急工作指挥、组织、协调、监管。

组　长:×××

副组长:×××

成　员:×××(副主任)　×××(委员)　×××(委员)　×××(委员)

职责分工及联系电话:

(1)组长:负责组织、指挥、协调本辖区地质灾害群测群防和突发性地质灾害各项应急处置工作。负责地质灾害灾险情报告,在强降雨期间执行"零报告制度",并负责向公众公布本预案。

(2)副组长组织监测预警、避险安置等工作,组织应急处置和防灾避险等工作。

(3)工作组成员在组长的统一领导、指挥、协调下,按照职责分工,负责发布本社区地质灾害气象预警信息,负责地质灾害监测资料和地质灾害隐患点巡查资料的整理、汇总和上报工作,负责物资保障、转移安置、救护和应急值班等项工作。组织做好地质灾害的应急处置工作。

(4)居民小组长:负责组织社区共产党员支部委员会和社区居民委员会(简称社区两委会)、社区居民小组、群测群防员、社区志愿者组成社区巡查小组,进行地质灾害点监测和巡查;负责临灾时组织受威胁群众撤离;负责及时向应急工作组报告地质灾害灾险情。

A.2.2 应急抢险队:负责开展地质灾害应急监测和抢险。

A.3 监测预警与抢险救灾

A.3.1 监测与巡查要求

非汛期每月监测、巡查1次,汛期每周监测、巡查1次,若发现地质灾害隐患点出现异常变化或集中降雨期间,应增加监测、巡查次数至不少于每日1次,灾害体出现快速异常变化时,应加密监测、巡查,并通知受影响社区居民加强观察、巡查,发现险情立即报告。监测、巡查必须做好数据记录、归档。

A.3.2 预警及响应

当遇强降雨和上级地质灾害预警预报,立即加强地质灾害点监测,加强地质灾害易发地段巡查。

蓝色预警时,社区值班人员、群测群防员应做好应急准备。

黄色预警时,汛期每日1次密切关注降雨情况,社区值班人员做好应急准备,群测群防员进行不少于每天1次的巡查监测。

橙色预警时,地质灾害隐患点巡查应不少于每日4次,社区值班人员提醒社区全面做好应急准备,隐患点出现变形加速等危险情况应立即上报相应主管部门。

红色预警时,采取多种形式告知受威胁群众,社区受威胁群众立即避险撤离。群测群防员对隐患点进行不间断巡查监测。

A.3.3 抢险救灾

当已发灾情、险情时,应立即开展查看,掌握初步情况,设置警示牌等警示标志;及时向上级部门和专业部门报告灾情、险情;积极组织社区自救队伍开展监测和力所能及的自救工作。

A.3.4 灾后恢复

灾情发生后,社区应急工作组应与上级部门一道做好灾区群众的思想工作,安定群众情绪,并妥善安置受灾群众,及时组织灾区群众开展生产自救,尽快恢复生产,协助开展地质灾害治理和避让搬迁工作。

A.4 保障措施

A.4.1 组织到位。做到机构落实、组织落实、人员落实,不断把社区地质灾害防治工作纳入规范化、制度化的管理轨道。应急工作小组、社区居民小组成员于每年3月底前完成调查补充,修改本预案,并向社区居民公布。

A.4.2 宣传到位。向社区居民宣传地质灾害防治的基本知识,公布本预案,充分认识防御地质灾害工作的复杂性、重要性和长期性的特点,提高社区居民自我防范意识和自救互救能力。

A.4.3 措施到位。地质灾害隐患点监测到位、巡查到位;汛期前组织对避险路线、临时安置点进行勘查,并向社区居民公布。

A.4.4 物资到位。每个社区居民小组购置雨衣、手电、应急灯(具体数量由社区实际确定)等应急物资设备,并由专人保管。

A.4.5 技术支撑单位名称及相关支撑人员姓名与联系方式

附图:××社区地质灾害风险管理图

××社区地质灾害应急响应网络图

××社区

发布日期:××××年××月××日

附 录 B
（规范性附录）
地质灾害（隐患）点应急避险预案表

××省（区、市）××县（区、市）××乡（镇）××村（社）××崩塌（滑坡、泥石流）
灾害（隐患）点应急预案
（样表）

1	地点	××乡（镇）××村（社）××地段				
2	基本情况	地质灾害隐患点描述：长度、宽度、高度、面积、岩石/土体、变形状况				
3	引发因素	降雨，水库，采矿，切坡，灌溉，其他				
4	危害对象	隐患点上的居民户数、人数、房产数、各户主姓名及家庭人数，其他				
5	威胁对象	冲击范围涉及的居民户数、人数、房产数、各户主姓名及家庭人数，其他				
6	预警等级	黄色级（三级，警示级）；橙色级（二级，警告级）；红色级（一级，警报级）				
7	预警方法	锣鼓；广播；逐户通知				
8	应急等级	黄色级（三级，注意级）；橙色级（二级，准备级）；红色级（一级，行动级）				
9	应急方法	思想准备、行动准备到有组织的紧急撤离及可能的排水/防水/压方等处置				
10	撤离路线	指定村（社）中主路、各户行动的小路				
11	避灾地点	学校、村委会、打谷场或专门的避难场所				
12	监测责任人	姓名		电话	责任	监测预警
13	应急责任人					应急处置
14	村（社）负责人					指挥协调，上报信息
15	国土所责任人					协调指导，上报信息，下传指示
16	县级责任人					组织领导，上报信息，下传指示
17	地质灾害隐患点监测预警与应急撤离路线示意图	1. 画出隐患点示意图（有条件的社区可拍摄图像标志）； 2. 标注主要参数； 3. 标注危害对象和威胁对象； 4. 标注撤离路线和防灾避难场所				
18	技术指导人	姓名		电话		单位
19	编制时间	年　月　日				
20	修编时间	年　月　日				

附 录 C
（规范性附录）
地质灾害防灾避险明白卡

县名：　　　　　乡（镇）：　　　　　村（社区）：　　　　　隐患点位置及名称：　　　　　编号：

户主姓名			家庭人数		房屋类别				灾害基本情况	
家庭住址										灾害规模
家庭成员情况	姓名	性别	年龄	姓名	性别	年龄		灾害类型		
								灾害体与本住户的位置关系		
帮扶或结对人					联系电话			灾害诱发因素		
姓名及联系方式								本住户注意事项		
监测与预警	监测人				监测方法			威胁对象		
	监测内容及预警判据							撤离与安置	撤离路线	
	预警信号								安置地点	
	预警信号发布人				联系电话				救护单位	
本卡发放单位：　　　　　（盖章）				负责人：			联系电话：	户主签名：	负责人	
									联系电话	
									负责人	
									联系电话	
									日期：　　年　　月　　日	

注：此卡发放社区内地质灾害隐患点监测人员和住户居民。

附 录 D
（资料性附录）
年度地质灾害隐患点监测报告

县名：　　　　乡（镇）：　　　　村(社区)：　　　　编号：

灾害名称				
灾害类型			灾害规模	
灾害诱发因素				
威胁对象				
监测人			联系电话	
监测手段			监测位置	
监测记录	日期	记录	日期	记录
结论与建议				

附 录 E
（资料性附录）
地质灾害预警风险级别和响应方案

预警级别	风险级别	应急响应	响应方案
红色	风险很高	一级	采取多种形式告知受威胁群众，社区受威胁群众自主避险撤离。群测群防员对隐患点进行不间断巡查监测
橙色	风险高	二级	地质灾害隐患点巡查应不少于每日4次，社区值班人员提醒社区全面做好应急准备，隐患点出现变形加速等危险情况应立即上报相应主管部门
黄色	风险较高	三级	汛期每日1次，密切关注降雨情况，社区值班人员做好应急准备，群测群防员进行不少于每天1次的巡查监测
蓝色	一定风险	四级	社区值班人员、群测群防员应做好应急准备

附 录 F
（规范性附录）
社区减灾能力评估表

一级指标	二级指标	评定标准	满分值
组织机制（15分）	社区减灾领导小组（2分）	成立社区减灾领导小组,负责减灾能力评估与建设工作	2
	社区减灾执行工作（4分）	有社区应急自救队伍	2
		建立社区减灾执行工作制度	2
	多元主体参与减灾（4分）	社区驻地单位主动参与防灾减灾活动	2
		社区群众积极参与、配合风险管理与应急响应	2
	减灾资金投入与使用（3分）	固定的地质灾害减灾资金来源,有使用监督制度	3
	考核制度（2分）	社区减灾能力考核评估制度	2
风险管理（15分）	隐患清单（4分）	地质灾害隐患清单	2
		受威胁人员、房屋、财产清单	2
	社区脆弱人群清单（3分）	脆弱人群清单	1.5
		外来人口、外出务工人员清单	1.5
	风险地图（4）	社区地质灾害风险图,标识有隐患点类型、位置、危险区范围等	2
		避险路线、路口及避险场所设置指示牌	2
	日常风险防范（2分）	规范社区排水设施	1
		建房选址评估	1
	简易处置（2分）	隐患具有截排水沟等简易治理措施	2
应急预案（10分）	地质灾害应急预案（2分）	社区地质灾害应急预案	2
	应急响应体系图（2分）	编制社区地质灾害应急网络体系图,并及时更新	2
	避险场所（2分）	有相应的避险场所	2
	点预案及明白卡（4分）	所有隐患点有应急预案	2
		有防灾避险明白卡,并发放给相应受威胁居民	2

续表

一级指标	二级指标	评定标准	满分值
监测预警 （15）	群测群防 （6）	各隐患点均有固定的群测群防员	4
		群测群防员掌握简易监测方法，具备预警和组织应急避让能力	2
	巡查排查 （5）	集中降雨期及时进行巡查排查	3
		巡查日志、监测记录完善	2
	群专结合 （4）	群测群防与专业监测预警实现互联互通	2
		与自然资源、气象、水文部门实现信息共享	2
培训演练 （20分）	宣传教育 （5分）	设有防灾减灾宣传栏，宣传材料及时更新	2
		开展灵活多样的防灾减灾宣传教育活动	3
	培训演练 （15）	居民及社区内企事业单位受培训率不低于75％	5
		社区演练不少于每年1次	5
		隐患点演练不少于每年2次	5
减灾设施 （15分）	隐患点 （5分）	设有警示标志	2
		设置有临灾避险场所和避险路线标志	3
	社区 （6）	地质灾害预警广播系统、警报设施和工具	2
		应急自救物资	2
		可利用资源清单	2
	居民 （4分）	家庭应急自救包	2
		主动保护监测预警设备和防护工程	2
减灾成效 （10分）	地质灾害隐患消除 （4）	地质灾害风险减轻效果显著	4
	新增地质灾害灾情 （3）	无新增因灾伤亡事件发生，年度因灾直接经济损失少于10万元	3
	防灾减灾特色 （3分）	有明显的减灾工作创新或可供推广的做法或经验。例如，利用本土知识或工具进行监测预警预报等；建立了社区地质灾害减灾网站，购买了社区保险等	3